Thomas Brühne · Michael Tempel

Diercke

integra

- geographisch
- historisch
- politisch
- ökonomisch
- ethisch

# Energiezeitalter

## Die Suche nach Energie



westermann

# editorial

Kaum ein Tag vergeht ohne Schlagzeilen zum Thema Energie: Der Strompreis steigt weiter! Wie teuer wird die Energiewende? Erdbeben und Tsunamis gefährden japanische Atomkraftwerke! Wie sieht der Energiemix der Zukunft aus? Landschaftsschützer protestieren gegen Windkraftanlagen. Eine Vielfalt von Themen, Fragen und Problemen rund um die „Energie" bieten Stoff zur Diskussion.

Energie ist, kurz und bündig, die Fähigkeit, Arbeit auszuführen. Energie kommt in unterschiedlichen Formen vor: Bewegungsenergie, Wärmeenergie, chemische Energie oder elektrische Energie. Die Menschheitsgeschichte ist eng verknüpft mit der Nutzung dieser Energieformen. Insgesamt lassen sich drei Energiezeitalter unterscheiden.

Im *vorindustriellen Energiezeitalter* nutzte der Mensch als Jäger und Sammler zunächst hauptsächlich die Energie des Feuers (Brennholz) und die eigene Muskelkraft. Mit dem Ackerbau wurde die Muskelkraft des Menschen durch die Zugkraft von Tieren (Ochsen und Pferden) ergänzt, um Felder zu bestellen oder Waren zu transportieren. Wind- und Wassermühlen waren später weitere wichtige Energielieferanten. Sie dienten dem Mahlen von Korn oder als Wasserpumpen.

Das *industrielle Energiezeitalter* begann mit der industriellen Revolution in England Mitte des 18. Jahrhunderts. Fabriken entstanden schlagartig und Gegenstände aus Metall waren sehr gefragt, um Waffen, Maschinen und Werkzeuge herzustellen. Für die industrielle Metallproduktion brauchte man jedoch höhere Temperaturen, die Brennholz nicht lieferte. Deshalb suchte der Mensch nach weiteren Brennstoffen und förderte große Mengen Kohle. Auch die Erfindung der Dampfmaschine steigerte den Kohlebedarf. Schließlich entwickelte in der zweiten Hälfte des 19. Jahrhunderts Nikolas A. Otto den Verbrennungsmotor, der nicht mit Kohle, sondern mit Erdgas oder Erdöl betrieben wurde. Mit der Erfindung und Verbreitung des Automobils stieg die Nachfrage nach Erdöl. Hinzu kam Mitte des 20. Jahrhunderts die Nutzung der Atomkraft in Kernkraftwerken. Bereits im industriellen Energiezeitalter zeigte sich, dass bei der Verbrennung von Kohle, Erdöl und Erdgas klimaschädliche Gase (zum Beispiel $CO_2$) freigesetzt werden. Sie führen wahrscheinlich zur Erderwärmung und infolgedessen zum Klimawandel. Zudem sind fossile Energieträger begrenzt. Die Suche nach alternativen Energieträgern hat längst begonnen und wird ein neues (*postindustrielles*) Energiezeitalter einleiten.

ORIENTIEREN
- Karten
- Atlas benutzen

RECHERCHIEREN
- Internet
- Experten
- Zeitung

VERTIEFEN
- Erweiterung
- Ergänzung

ABBILDUNGEN
M1 = Material 1

**Im Text blau gekennzeichnete Begriffe werden im Glossar erklärt.**

# Inhalt

# Energiezeitalter

M1 Karikatur

Wasserkraft
Feuer
Solarenergie
Windkraft
Wassermühlen
Holz/Holzkohle
Jäger und Sammler
Informationsgesellschaft
Windmühlen
Agrargesellschaft
Muskelkraft
Steinkohle
Bioenergie
Atomkraft
Erdgas
Braunkohle
Erdöl
Dienstleistungsgesellschaft
Industriegesellschaft
Zug- und Reittiere

| vorindustriell | industriell | postindustriell |
|---|---|---|
| | | |
| | | |
| | | |
| | | |
| | | |
| | | |
| | | |
| | | |
| | | |
| | | |

1 Ordne in der Tabelle die Energieträger und Gesellschaftsformen den drei Energiezeitaltern zu.

2 Werte die Karikatur M1 aus.
   a) Benenne das Thema und zähle auf, was du alles erkennst (Analyse).
   b) Benenne die Probleme, die in der Karikatur dargestellt werden (Interpretation).
   c) Überprüfe die Aussagen des Karikaturisten und beurteile die Karikatur (Anwendung).

**M2 Vom Zugtier zum elektrischen Transportmittel (Segway). In jedem Energiezeitalter kommen der Energiegewinnung und Energienutzung eine zentrale Bedeutung zu. Beide sind die Grundlage jeglicher menschlicher Tätigkeit.**

Basic

# Energie in unterschiedlicher Form

**M1 Der Blitz eines Gewitters macht elektrische Energie kurzzeitig sichtbar. Dabei werden elektrische Ladungen in der Luft ausgetauscht und es fließen elektrische Ströme. Diese haben eine Energiemenge von mehr als 100 Millionen Joule (100 MJ). Die Energiemenge würde ausreichen, um eine Kleinstadt kurzzeitig mit elektrischem Strom zu versorgen, wenn der Blitz nicht nur etwa eine Millionstel Sekunde andauern würde.**

**M2 Der Flügelschlag einer Fliege: 1 Joule Energie**

1 Dokumentiere deinen eigenen Stromverbrauch während eines Tages in Form eines Stundenplans. Liste dort alle elektrischen Geräte auf, die du an dem Tag direkt oder indirekt benutzt.

## Ohne Energie läuft nichts

Energie beherrscht unser Alltagsleben und ist die Grundlage für Industrie- und Wirtschaftstätigkeiten. Täglich werden mehrere Tonnen fossile und atomare Energieträger in den Lagerstätten der Erde abgebaut, transportiert, gelagert und schließlich umgewandelt und durch den Menschen genutzt, zum Beispiel in Form von elektrischer Energie, Treibstoffen und Wärme. Parallel dazu liefern Sonne, Wind und Wasser zusätzliche Mengen an erneuerbarer Energie.

Fossile Energieträger wie Erdöl und Steinkohle sind endlich und werden früher oder später aufgebraucht sein. Die erneuerbaren Energien wie Wind- und Wasserkraft sind hingegen unendlich vorhanden.

Der sogenannte Energiemix zeigt die Anteile der fossilen und der erneuerbaren Energieträger in der Stromerzeugung eines Landes.

Damit Energie gemessen und umgerechnet werden kann, gibt es unterschiedliche Maßeinheiten. Joule ist eine internationale Einheit, dessen Bezeichnung zurückgeht auf den britischen Physiker James Prescott Joule (1818 – 1889). Die Einheit Joule kann für alle Formen thermischer, mechanischer und elektrischer Energie verwendet werden.

Auf Stromrechnungen findet man hingegen die Einheit Watt bzw. Kilowattstunde (kWh), die nach dem schottischen Wissenschaftler James Watt (1736 – 1819) benannt ist. Watt ist ebenfalls eine internationale Einheit, um eine Energieleistung (Energieumsatz pro Zeiteinheit) angeben zu können. Elf Wattstunden ist beispielsweise die Energiemenge, die eine moderne Energiesparbirne mit einer Leistung von elf Watt in einer Stunde aufnimmt bzw. als Licht und Wärme abgibt.

### Umrechnung von Energie

**1 000 Joule (J) =**
1 Kilojoule (kJ)
**1 Mio. Joule (J) =**
1 Megajoule (MJ)
**1 Mrd. Joule (J) =**
1 Gigajoule (GJ)
**1 Joule (J) =**
1 Wattsekunde (Ws)
**1 Kilowattstunde (kWh) =**
3 600 Kilojoule (kJ)

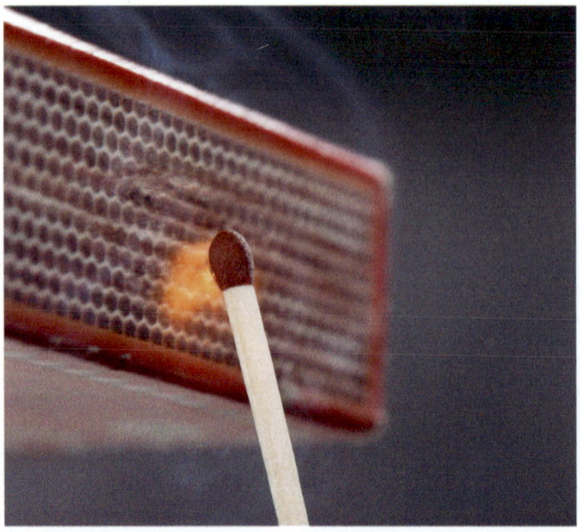

**M3 Ein angezündetes Streichholz: 1 kJ Energie**

**M4 Ein schwer arbeitender Mensch: bis zu 25 000 kJ Energie**

## Fossile Energieträger

Zu den fossilen Energieträgern zählen Braun- und Steinkohle, Erdöl und Erdgas. Diese Energieträger bestehen aus Pflanzen- und Tierresten, die über mehrere Millionen Jahre durch Ablagerungsprozesse unter die Erdoberfläche gelangten. Durch den Druck- und Temperaturanstieg während der Lagerung in der Tiefe wurden sie zu Brennstoffen.
Fossile Energieträger können zu Treibstoffen (Benzin, Kerosin) umgewandelt oder zur Wärme- und Stromerzeugung genutzt werden.
Der Weg bis zur Verstromung in Kraftwerken ist lang: Die Lagerstätten muss man zunächst finden und erschließen, bevor die Energieträger mithilfe von Förderkörben, Schaufelradbaggern und Bohrtürmen an die Erdoberfläche befördert werden können. Nach dem Transport zu den Kraftwerken erfolgt dort deren Verbrennung zur Wasserdampferzeugung. Der Wasserdampf setzt Generatoren in Bewegung, die elektrischen Strom produzieren. Dieser wird mithilfe von Überlandleitungen zu den Umspannwerken und Verteilerstationen geleitet. Von dort gelangt der elektrische Strom schließlich in die Haushalte und Betriebe.

**M5 Blick auf das Reaktorbecken im Inneren eines Atomkraftwerks. Hier werden die Atomkerne gespalten.**

## Atomare Energieträger

Atomare Energieträger basieren auf der sogenannten Kernspaltung. Die Atomkerne von Uran und Plutonium werden in Atomkraftwerken gespalten, wodurch große Mengen Energie freigesetzt werden. Aus einem Kilogramm Steinkohle werden etwa acht Kilowattstunden Strom produziert. Ein Kilogramm Uran (Sorte U-235) kann etwa 23 000 000 kWh Strom erzeugen.
Atomare Energieträger sind für den Menschen gefährlich, da sie gesundheitsschädliche Strahlung freisetzen, die in einer zu hohen Dosis tödlich sind. In einigen Ländern werden atomare Brennstoffe auch militärisch genutzt, zum Beispiel um Atomwaffen herzustellen.

**M6 Aus Braunkohle wird Strom. Kraftwerk Neurath im Rheinischen Braunkohlenrevier.**

## Erneuerbare Energieträger

Sonne, Wind und Wasser liefern eine natürliche Energie, die in Solaranlagen sowie Wind- und Wasserkraftwerken größtenteils in Strom umgewandelt wird. Die Gewinnung und Nutzung dieser Energieformen belastet die Umwelt im Vergleich zu den fossilen Energieträgern deutlich weniger. Auch Biomasse und Erdwärme (Geothermie) zählen zu den erneuerbaren Energieträgern.
Zukünftig (im postindustriellen Energiezeitalter) spielen sie wahrscheinlich eine wichtige Rolle, da sie sich erneuern bzw. nachwachsen.

**M7 Sonne und Wind bilden als Energieträger die Basis für die Gewinnung erneuerbarer Energien.**

**2** a) Recherchiere im Internet Werte zum aktuellen Energiemix in Deutschland und übertrage sie in den Kreis.

Energiemix Deutschland 1990

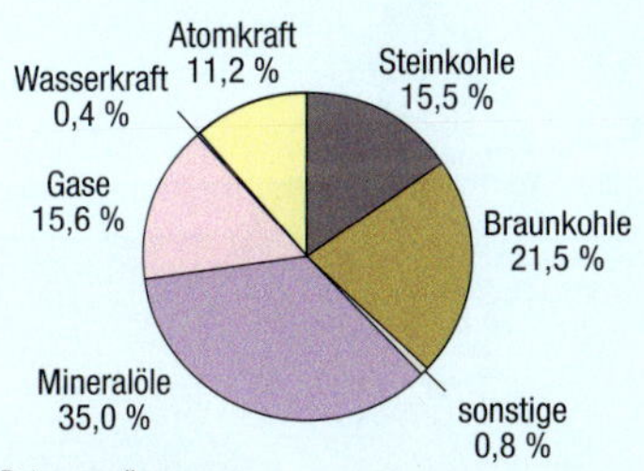


Datengrundlage: AG, Energiebilanzen 2013



Energiemix Deutschland aktuell

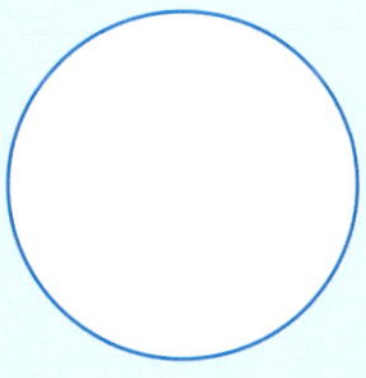

b) Erläutere die Veränderungen des deutschen Energiemixes von 1990 bis heute.

# Energieverbrauch weltweit

## Menschen (ver)brauchen Energie

Für alle seine Aktivitäten ist der Mensch auf Energie angewiesen. Die grundlegendste Energiemenge ist dabei diejenige, die notwendig ist, um die eigenen Körperfunktionen bei völliger Ruhe aufrechtzuerhalten. Dieser Grundumsatz des Menschen beträgt ungefähr 4 500 bis 8 000 kJ pro Tag (entspricht 0,0045 – 0,008 GJ). Dieser wird durch Zuführung von Nahrung, d. h. Biomasse, gedeckt. Sobald ein Mensch jedoch Tätigkeiten ausführt, erhöht sich sein Energiebedarf z. B. durch Heizen, Nutzung von Verkehrsmitteln, oder durch Produktion von Waren und Dienstleistungen. Die Summe der umgesetzen Energie wird Primärenergieverbrauch genannt.

## Hunger nach Energie im Laufe der Zeit

Im Laufe der Menschheitsgeschichte ist der Primärenergieverbrauch dramatisch angestiegen. Der Energiebedarf der ersten Urmenschen (Sammler und Aasfresser) lag nur wenige Kilojoule über dem Grundumsatz. Demgegenüber liegt der heutige durchschnittliche Energieverbrauch pro Kopf beim 35-Fachen eines menschlichen Grundumsatzes (M1 – M3).

**1** a) Recherchiere die aktuellen Werte zum Primärenergieverbrauch und der Bevölkerung weltweit. Ergänze in der Tabelle M1.
b) Berechne und ergänze den Primärenergieverbrauch pro Kopf (M1).
c) Stelle die Entwicklung des Primärenergieverbrauchs und der Bevölkerung in einem Diagramm dar (M2).

## Land ist nicht gleich Land

Der heutige Pro-Kopf-Energieverbrauch unterscheidet sich deutlich von Land zu Land. Während in den hoch industrialisierten Staaten bis zum 230-Fachen des Grundumsatzes verbraucht wird, liegt der Energieverbrauch in den ärmsten Ländern mit Werten unter dem Sechsfachen des Grundumsatzes teilweise auf dem Niveau früher Jäger-und-Sammler-Gesellschaften.

| Welt | 1900 | 1950 | 1975 | 2000 | aktuell |
|---|---|---|---|---|---|
| **Primärenergieverbrauch (Mio. Gigajoule/Tag)** | 130 | 283 | 755 | 1184 | |
| **Bevölkerung (Mio.)** | 1 650 | 2 530 | 4 070 | 6 130 | |
| **Primärenergieverbrauch/Kopf (Gigajoule/Tag)** | | | | | |

**M1 Energie und Bevölkerung (weltweit)**

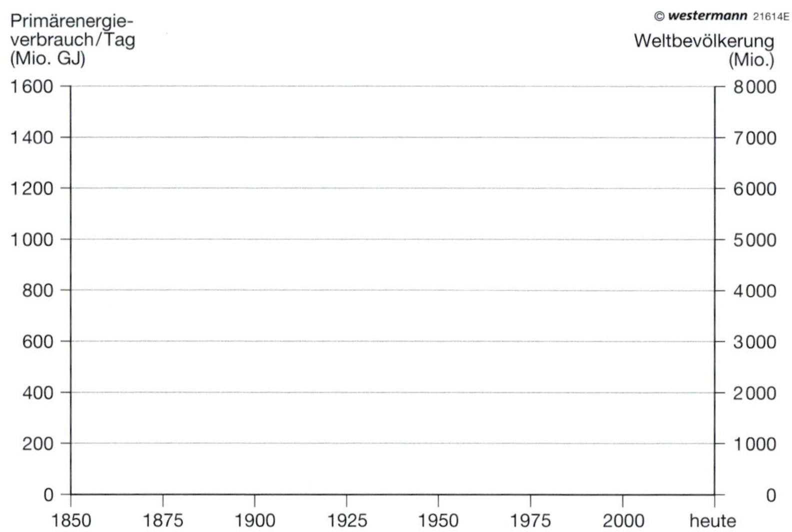


**M2 Energieverbrauch und Bevölkerung weltweit**

*Die frühen Urmenschen lebten vor zwei Millionen Jahren noch als Sammler und Aasfresser. Ihr Energieverbrauch war etwas größer als der Grundumsatz.*

*Jäger und Sammler (z. B. Neandertaler vor 200 000 Jahren) erhöhten ihren Energieverbrauch durch körperliche Aktivität und Feuernutzung auf das Sechsfache des Grundumsatzes.*

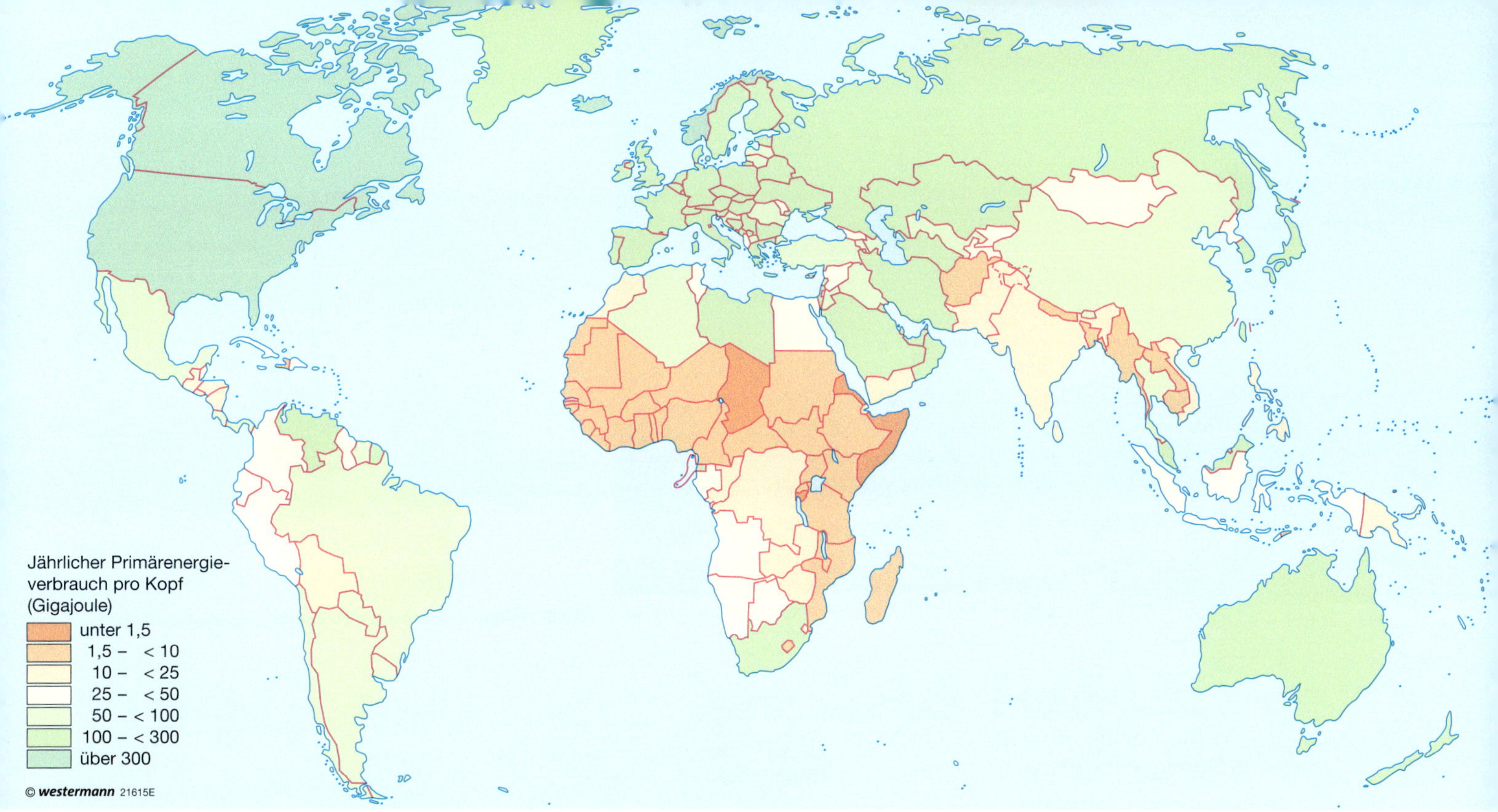


**M3 Jährlicher Primärenergieverbrauch pro Kopf im Jahr 2010 (Gigajoule)**

**2** Beschreibe die Entwicklung des Energieverbrauchs seit zwei Millionen Jahren mithilfe des Zeitstrahls.

**3** Beschreibe den Zusammenhang zwischen dem Primärenergieverbrauch (M3) und den Lebensbedingungen weltweit (Atlas).

**4** Nenne jeweils fünf Länder mit dem höchsten und dem geringsten Primärenergieverbrauch pro Kopf. Beschrifte die Länder in der Karte (M3).

*In heutigen Industrie- und Dienstleistungsgesellschaften kann der durchschnittliche Energieverbrauch eines Menschen bis zum 230-Fachen seines Grundumsatzes betragen.*

*In der mittelalterlichen Agrargesellschaft wurden Haustiere gehalten und Landwirtschaftserzeugnisse verarbeitet. Energiebedarf: 20-facher Grundumsatz*

*Mit der industriellen Revolution Mitte des 18. Jahrhunderts stieg der Energieverbrauch vor allem durch die starke Nutzung fossiler Brennstoffe deutlich an.*

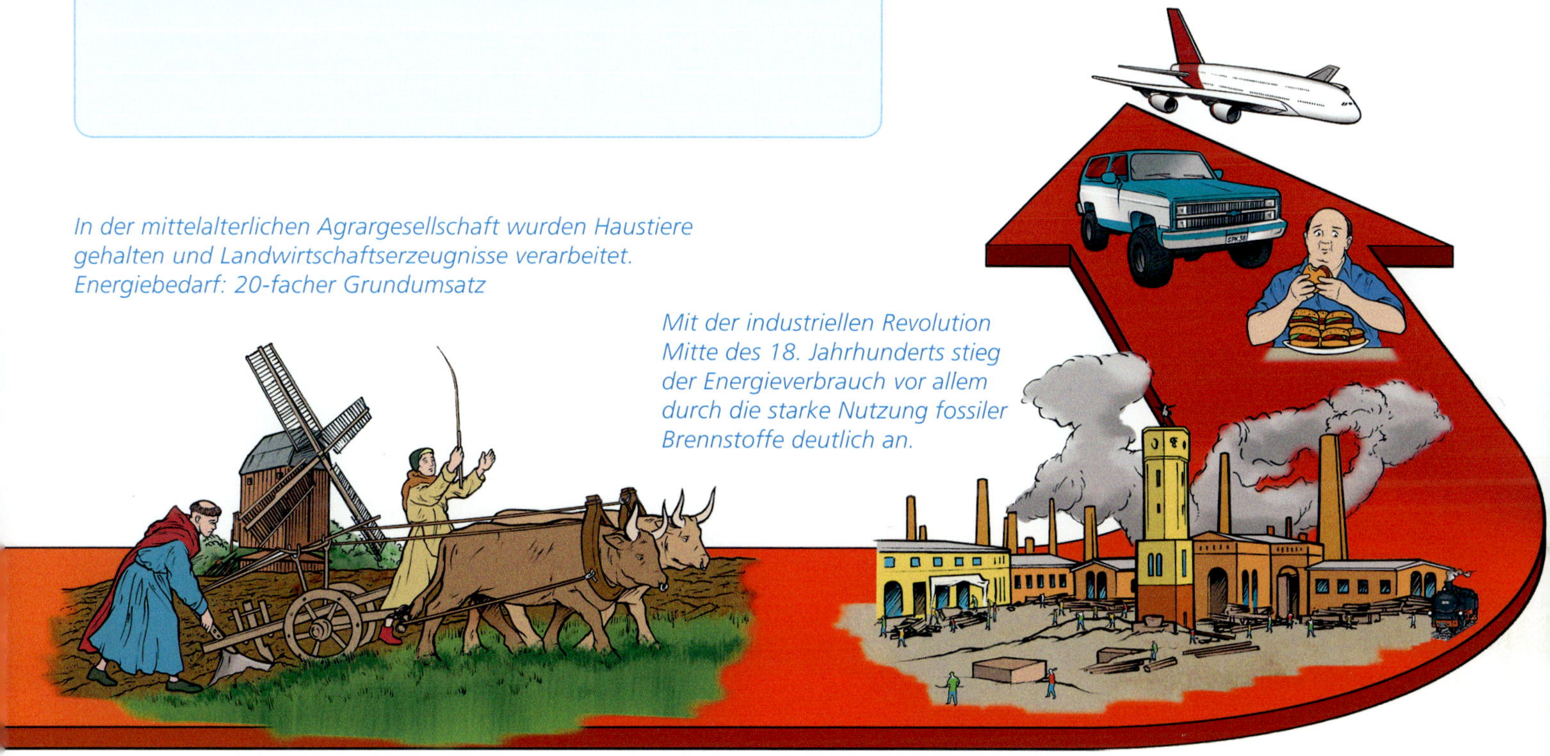

M1 Feuer als Licht- und Wärmequelle

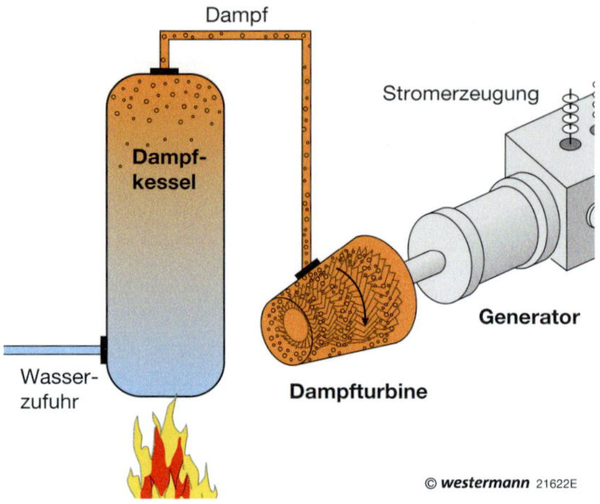


M4 Funktionsweise der ersten Dampfturbinen

# Am Anfang war das Feuer

## Die Nutzung der Energie des Feuers im Wandel der Zeit

Durch Blitzeinschläge und Vulkanausbrüche kennen die Menschen das Feuer seit Anbeginn. Zunächst konnten sie das Feuer noch nicht gezielt nutzen, sondern sie mussten die Nutzung erst erlernen. Die frühesten bekannten Feuerstellen des Menschen stammen aus der Zeit vor ungefähr einer Million Jahren. In dieser vorgeschichtlichen Zeit diente das Feuer zunächst als Licht- und Wärmequelle sowie dem Schutz vor wilden Tieren (M1). Die Frühmenschen waren dabei auf die natürliche Entstehung von Feuer angewiesen. Die Fähigkeit, Feuer selbst zu machen, folgte erst später.

M2 Aeolipile

Im ersten Jahrhundert nach Christus wurde das Feuer nicht nur als Wärme- und Lichtquelle genutzt, sondern auch gezielt in Bewegungsenergie umgewandelt. Die von dem griechischen Mathematiker und Ingenieur Heron entwickelte Aeolipile (M2) setzt sich wie folgt in Bewegung: Wasser wird in einer Kugel erhitzt und so zu Wasserdampf, der sich ausdehnt. Durch den entstehenden Druck strömt der Wasserdampf aus zwei Düsen der beweglich angebrachten Kugel, die so in Rotation gerät. Diese erste Wärmekraftmaschine war eher eine Spielerei ohne jeglichen Nutzen. Auf ihrer Grundidee aufbauend entwickelte James Watt im 18. Jahrhundert die Dampfmaschine. Diese nutzt die entstehende mechanische Energie gezielt für den Antrieb von Maschinen. Die Dampfmaschine war, als wichtige Basis der industriellen Revolution, eine bedeutende Erfindung.

Im Jahr 1888 konstruierte der schwedische Ingenieur de Laval die erste Dampfturbine, bei der austretender Dampf Turbinenschaufeln in Bewegung setzt (M4). Dieses Prinzip existiert auch noch bei heutigen Wärmekraftanlagen wie Kohlekraftwerken. Die mechanische Energie wird dort abschließend noch in elektrische Energie umgewandelt (M5).

M3 Kochen über dem offenen Feuer

1 Erläutere die Veränderungen in der Feuernutzung im Laufe der Menschheitsgeschichte (M1 – M7).

2 Beschreibe stichpunktartig die Funktionsweise eines Kohlekraftwerkes (M5).

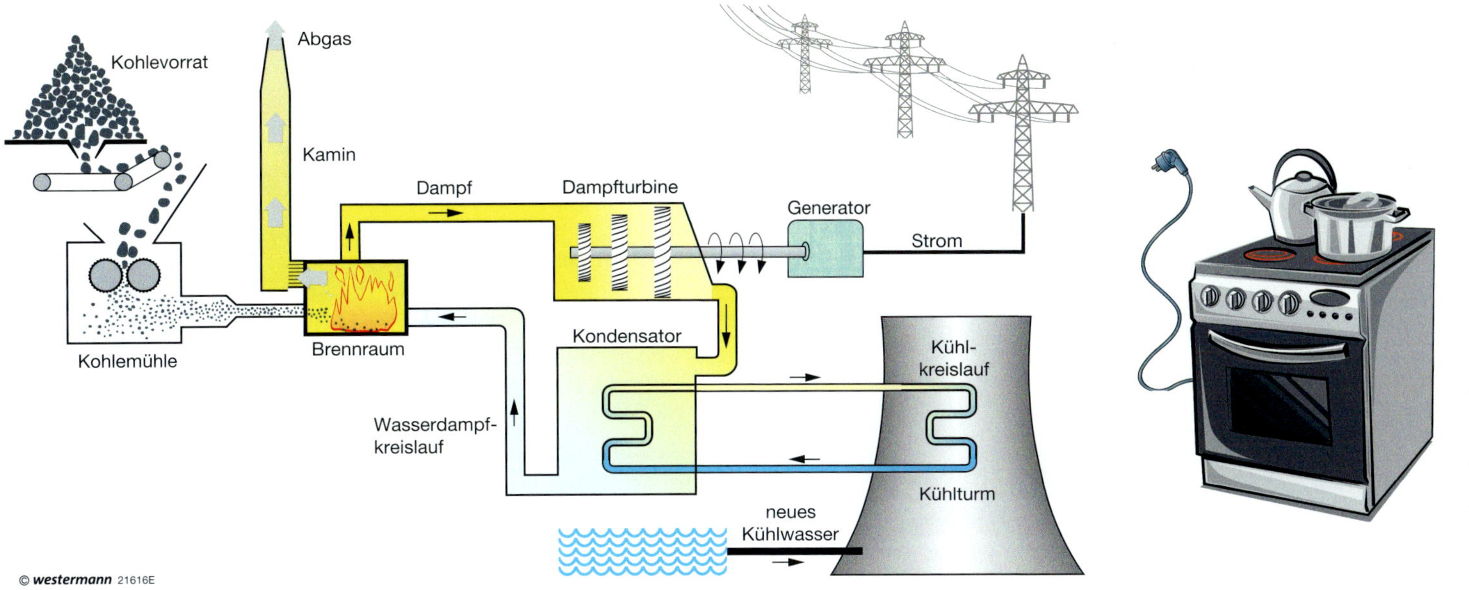


**M5 Funktionsprinzip eines Kohlekraftwerkes**

**3** Erstelle eine Karte zur Kohlekraftnutzung der ausgewählten Länder in Europa, indem du die Anteile an der Stromerzeugung einträgst (M6, M7).

**4** Beschreibe die Verteilung in M7.

| Land | Anteil Kohlekraft an Stromerzeugung |
|---|---|
| Belgien | 6 % |
| Dänemark | 44 % |
| Deutschland | 44 % |
| Estland | 88 % |
| Finnland | 19 % |
| Frankreich | 5 % |
| Irland | 15 % |
| Italien | 15 % |
| Kroatien | 17 % |
| Lettland | 0 % |
| Litauen | 0 % |
| Luxemburg | 0 % |
| Niederlande | 22 % |
| Norwegen | 0 % |
| Österreich | 10 % |
| Polen | 88 % |
| Portugal | 13% |
| Schweden | 1 % |
| Schweiz | 0 % |
| Slowakei | 15 % |
| Slowenien | 33 % |
| Spanien | 9 % |
| Tschechien | 59 % |
| Ungarn | 17 % |
| Vereinigtes Königreich | 29 % |

**M6 Anteil der Kohlekraft an der Stromerzeugung ausgewählter Länder Europas im Jahr 2010 (IEA 2013)**

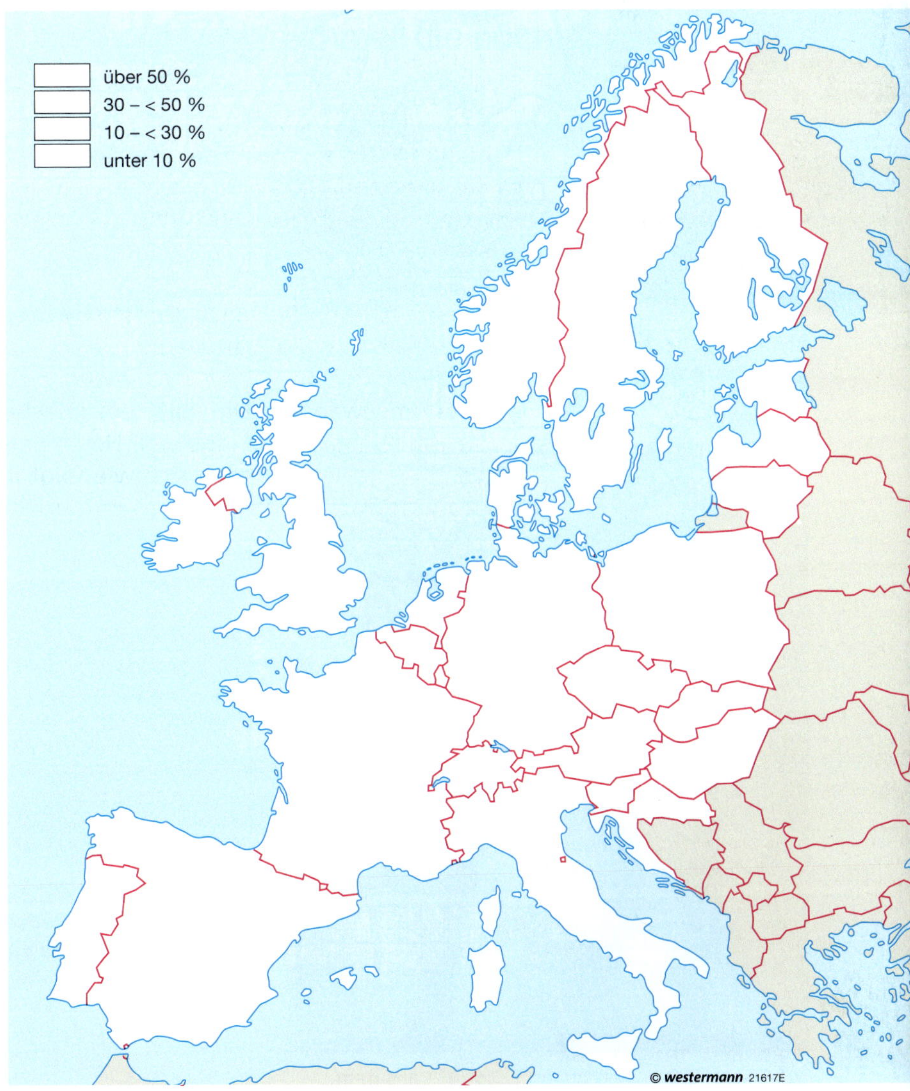


**M7 Anteil der Kohlekraft an der Stromerzeugung im Jahr 2010**

# Von Windmühlen und Wasserrädern

**M1 Im Inneren einer Windmühle**

**Der Mahlblock mahlt Getreidesorten wie Weizen, Roggen und Dinkel zu feinem Mehl.**

**M2 Moderne „Hochleistungs-Wasserräder"**

**Turbinen im Hoover-Staudamm am Colorado erzeugen elektrischen Strom für den Südwesten der USA.**

**M3 Historisches Wasserrad („Noria") aus dem 13. Jahrhundert (Syrien)**

## Energiequellen des Mittelalters

Die wichtigsten Energiequellen im Mittelalter waren die tierische Zugkraft und das Brennholz. Während des hohen Mittelalters verbreiteten sich jedoch zwei neue Wege der Energiegewinnung in Westeuropa: zunächst das Wasserrad und wenig später das Windrad. Die Ursprünge des Wind- und Wasserrades lassen sich bis in die Antike zurückverfolgen. Ende des 11. Jahrhunderts zählte man in Britannien bereits mehr als 5 000 „mills" (Wassermühlen).

Im 12. Jahrhundert tauchten die ersten Windmühlen auf. Sie verbreiteten sich dort, wo die Flüsse zu wenig Fließgeschwindigkeit lieferten, um die älteren Wassermühlen anzutreiben. Besonders in Holland bestimmten die Windmühlen das Landschaftsbild. Ende des 17. Jahrhunderts zählte man rund 8 000 Stück.

Windmühlen wurden zum Getreidemahlen, in Sägewerken und Schmieden oder als Wasserpumpen genutzt.

(Nach: Ritter, G.: Von der Muskelkraft zur modernen Kraftmaschine. In: Thieme u.a. (Hrsg.): Aktuelle Beiträge zur Geographie Deutschlands. Aachen 2006, S. 57 – 70)

Holländerwindmühlen bestehen in der Regel aus vier oder fünf Flügeln. Jeder Flügel besitzt zwei Ruten, die zusammen ein Rutenpaar ergeben. Die *Windrose* am hinteren Teil der Windmühle ermittelt zunächst die Windrichtung und dreht das Windrad mechanisch in die optimale Position. Die anströmenden Luftmassen können nun auf die *Ruten* stoßen und diese in Bewegung setzen. Die eingefangene Energie wird über eine *Flügelwelle* auf die *Königswelle* übertragen. Die vielen Zahnräder am *Stirnrad* und *Stockrad* übersetzen die langsamen Bewegungen der Ruten in eine etwas schnellere mechanische Bewegung. Das Stirnrad ist mit dem *Mahlwerk* der Windmühle verbunden. Sobald das Getreide zu feinem Mehl gemahlen ist, fällt es durch das *Mehlrohr* in große Säcke. Diese können nun mit einer Seilwinde in den Unterbau der Windmühle transportiert werden. Dort werden sie gelagert.

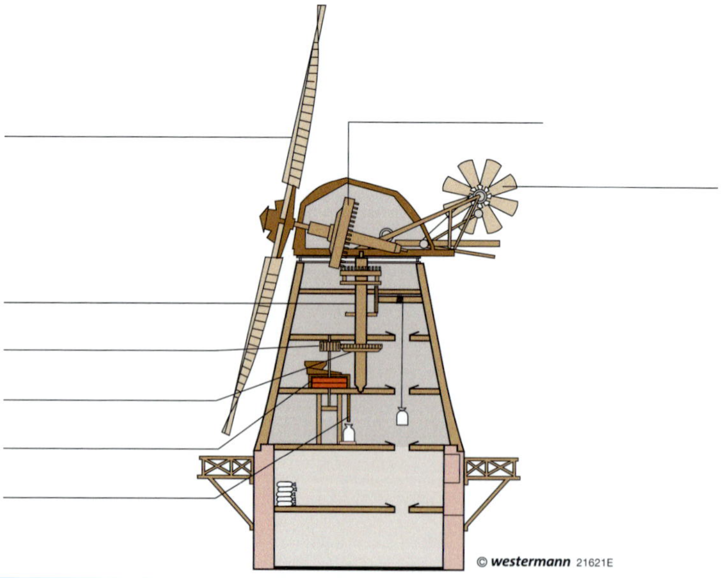


**M4 Funktionsweise einer Windmühle (Holländerwindmühle)**

**1** Trage mithilfe des Textes (M4) die richtigen Begriffe in das Schaubild zum Aufbau einer Windmühle (M4) ein.

**M5 Panorama der Windmühlen von Kinderdijk in den Niederlanden**

**Kinderdijk („Kinderdeich") liegt etwa 15 km südöstlich von Rotterdam. Zwischen 1738 und 1740 wurden hier insgesamt 19 Windmühlen errichtet, um die Region durch Abpumpen von Wasser vor Überflutungen zu schützen. Die gesamte Region wurde aufgrund ihrer Einzigartigkeit und Schönheit der Landschaft („Landschaftsästhetik") 1997 in die Liste des UNESCO-Weltkulturerbes aufgenommen.**

**M7 Übersichtskarte Niederlande**

Windkraftanlagen wandeln die ______________________________ in elektrische Energie um. Die ____________________ verbindet die Rotorblätter mit der ______________ . Hier befindet sich das Herzstück der Maschine. Der ____________________ misst die Windstärke und dreht die gesamte Gondel in die entsprechende Windrichtung. Durch zuströmende Luft (Wind) werden die ____________________ in Bewegung gesetzt. Die durch den Wind erzeugte Drehbewegung des Rotors gelangt über eine mächtige Antriebswelle zum ____________________ der Windkraftanlage. Die großen ____________________ drehen sich sehr langsam (durchschnittlich 22 Umdrehungen pro Minute). Das Getriebe übersetzt die wenigen Umdrehungen über viele kleinere Zahnräder in bis zu 1 500 Umdrehungen pro Minute. Die schnelle Drehbewegung im Getriebe wird danach in den ____________________ geleitet, der daraus schließlich elektrischen Strom erzeugt. Ähnlich wie bei einem Fahrraddynamo wird kinetische Energie (Wind) in elektrischen Strom umgewandelt. Der erzeugte Strom wird in einem Umspannwerk transformiert und in das Stromnetz eingespeist. Dort wird es mittels ____________________ in Städte und Siedlungen geleitet.

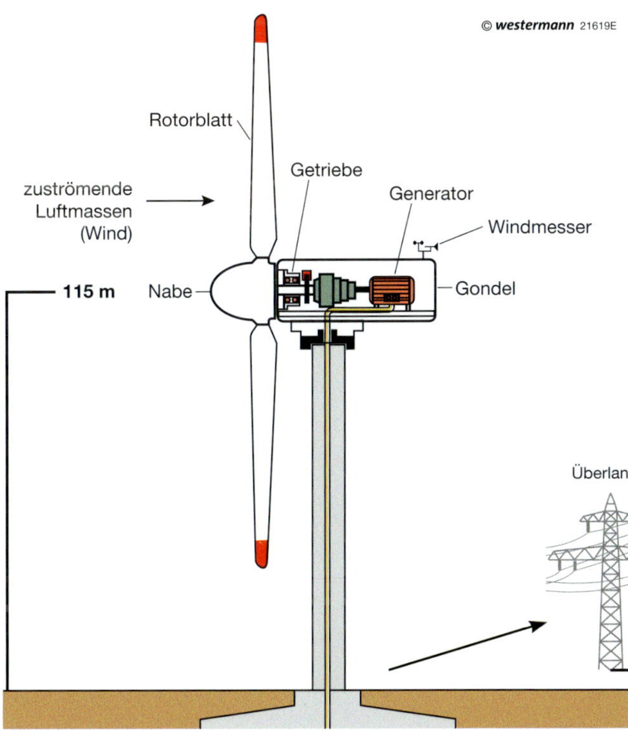


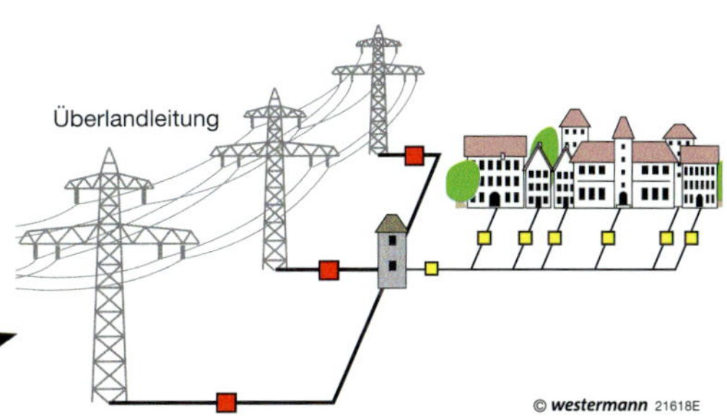


**M6 Funktionsweise einer Windkraftanlage**

**2** Benenne die Städte und Flüsse in M7.

D. H.

R.

A.

G.

1

2

**3** Vervollständige M6. Trage dazu die Begriffe aus der Abbildung zur Windkraftanlage in den Lückentext ein.

# The Party is over
## Das Fass ist halb leer!

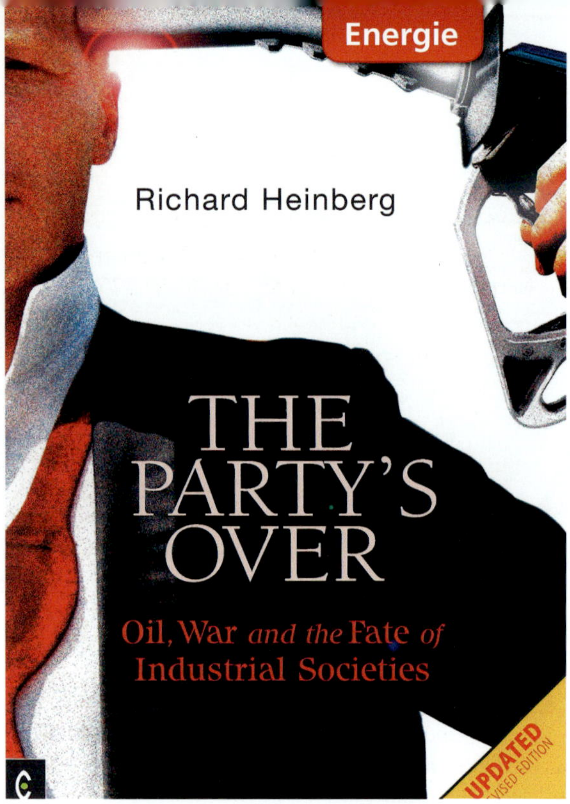


**M1 In seinem Buch beschäftigt sich der US-amerikanische Journalist R. Heinberg mit dem Ende des Erdölzeitalters und zeigt Alternativen zur „Erdölgesellschaft" auf.** **(Heinberg, R.: The Party's Over: Oil, War and the Fate of Industrial Societies. East Sussex 2005)**

Das „schwarze Gold" Erdöl ist heute weltweit der wichtigste fossile Energieträger. Die moderne Erdölindustrie startete 1855 mit dem Patent für die Herstellung von Kerosin, das im 19. Jahrhundert das wichtigste Leuchtmittel war. Nach der Erfindung des Otto-Motors entstand die Automobilindustrie und mit ihr stieg der weltweite Bedarf an Erdöl. In den ersten Jahrzehnten des 20. Jahrhunderts entwickelte sich die Erdölindustrie.

Erdöl ist aber nicht nur ein wichtiger Energieträger, sondern wird auch zur Herstellung von chemischen Produkten wie Kunststoffen, Düngemitteln oder Farben verwendet. Auch in Medikamenten stecken Bestandteile des Erdöls.

Jedes Jahr wird die Menge an Erdöl auf der Erde verbraucht, die in einem Zeitraum von einer halben bis einer Million Jahre gebildet wurde. Der Vergleich verdeutlicht die Tatsache, dass Erdöl eine endliche Ressource ist und vermutlich noch in diesem Jahrhundert aufgebraucht sein könnte. Spätestens mit dem Ende des Erdölzeitalters bricht ein neues Energiezeitalter an.

(Nach: Bukold, S.: Öl im 21. Jahrhundert. Band 2: Alternativen und Strategien. München 2009)

### Peak Oil

Marion King Hubbert war US-amerikanischer Geologe und leitender Forschungsexperte bei Shell. Er entwickelte in den 1970er-Jahren die Peak-Oil-Theorie. Hubbert nahm an, dass die weltweite Förderung bis zu einem Maximum ansteigen wird. Danach geht die Förderung allmählich zurück, da die restlichen Vorräte an Erdöl nicht mehr vollständig wirtschaftlich erschlossen werden.

**M2 Peak Oil (Maximum an Erdölförderung)**

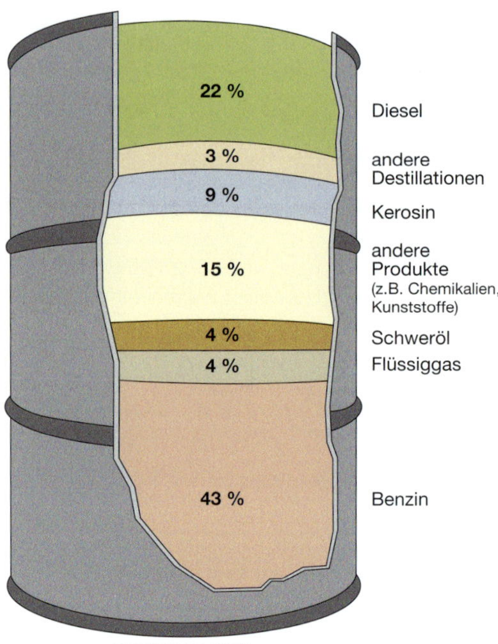


**M3 Was aus einem Barrel Erdöl (159 l) hergestellt wird (Beispiel USA)**

**1** Recherchiere im Internet alltägliche Produkte, die mit Bestandteilen von Erdöl hergestellt werden.

**2** Beschreibe die Entwicklung der Fördermengen des Erdölzeitalters von 1950 bis 2100. Benutze dafür die Theorie des Peak Oil (M2, M7).

**M4** **Szene aus Luky Luke, Band 32 „Im Schatten der Bohrtürme"**
**(© 2011 LUCKY COMICS)**

## Die Geschichte von Edwin Drake und Titusville

In der amerikanischen Geschichte gilt Edwin Laurentine Drake als erster US-Amerikaner, der nach Erdöl bohrte. Er entdeckte am 27. August 1859 die erste amerikanische Ölquelle in 23 m Tiefe am Oil Creek nahe der Stadt Titusville (Pennsylvania). Zeitgleich fanden jedoch auch Bohrungen um Erdöl in West Virginia statt. Neuere Quellen berichten sogar von früheren Bohrungen in Europa und Kanada. Auch wenn Drake vermutlich nicht der Erste war, der nach Erdöl bohrte, so leiteten seine Bohrungen und Erdölfunde in Titusville dennoch den Beginn des Erdölzeitalters ein.

(Nach: Gründinger, W.: Ein Rückblick auf das Erdölzeitalter. München 2006)

**M6** **Die Entdeckung der ersten amerikanischen Erdölquelle**

**3** Erstelle eine historische Zeitungsmeldung zu den Erdölfunden in Titusville, Pennsylvania (M4, M6).

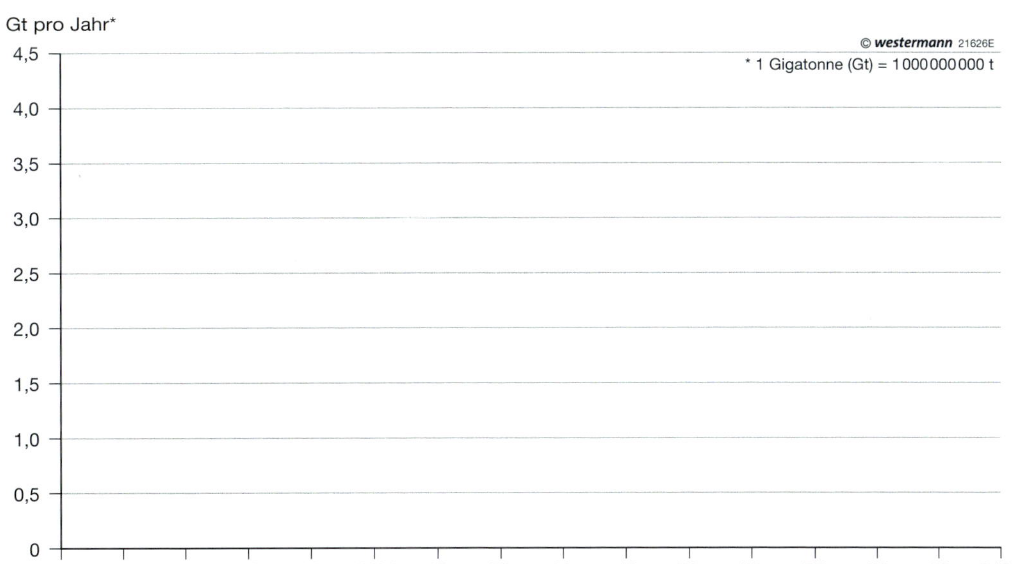


**M5** **Verlauf der globalen Erdölförderung seit 1950**

| Jahr | Fördermenge (Gt) |
|---|---|
| 1950 | 0,5 |
| 1960 | 1,1 |
| 1970 | 2,3 |
| 1980 | 3,1 |
| 1985 | 2,8 |
| 1990 | 3,2 |
| 1995 | 3,3 |
| 2000 | 3,6 |
| 2007 | 3,9 |
| 2010 | 3,9 |
| 2015 | 4,1 |
| 2020 | 4,2 |
| 2030 | 4,4 |
| 2040 | 4,3 |
| 2050 | 3,7 |
| 2060 | 3,0 |
| 2070 | 2,0 |
| 2080 | 1,1 |
| 2090 | 0,7 |
| 2100 | 0,4 |

**M7** **Bisher geförderte Mengen an Erdöl und künftige Schätzungen**

**4** Trage die Fördermengen an Erdöl (M7) in M5 ein und zeichne eine Kurve.

# Elektromobilität

## Hoffnungsträger des neuen Energiezeitalters?

Das Elektroauto ist keine Neuerfindung des 21. Jahrhunderts, sondern hat seine Wurzeln im 19. Jahrhundert. Besonders in Großstädten wie London und Paris wurden Ende des 19. Jahrhunderts Elektroautos eingesetzt, um die Pferdekutsche abzulösen. Im Jahr 1899 baute der Belgier Camille Jenatzy das seinerzeit schnellste Auto der Welt – ein 100 km/h schnelles Elektromobil. Die maximale Reichweite der frühen Elektrofahrzeuge lag bei 135 km. Ferdinand Porsche entwickelte zwei Jahre später gemeinsam mit Ludwig Lohner das erste Fahrzeug mit Hybridantrieb. Der sogenannte Lohner-Porsche war mit Verbrennungs- und Elektromotor ausgestattet.
Die frühen Fortschritte in der Entwicklungsgeschichte des Elektroautomobils wurden jedoch ab 1908 durch die Entdeckung der Massenproduktion von Autos mit Verbrennungsmotor (Otto-Motor) zurückgedrängt. Der US-Amerikaner Henry Ford leitete mit der Konstruktion des Modells T den Umschwung zum erdölbetriebenen Fahrzeug ein.
Heute werden jährlich etwa 83 Mio. Pkws auf der Welt hergestellt, pro Sekunde sind das 2,6. Demgegenüber steht die Geburt von vier Kindern pro Sekunde. Damit wartet auf jeden zweiten neuen Erdbürger bereits ein Auto. Bis zum Jahr 2050 sind weltweit ca. 2,7 Mrd. Autos im Umlauf. Ob es bis dahin überhaupt noch genügend Erdöl für alle Pkws geben wird, ist fraglich. Das Elektroauto gilt deshalb als ein Hoffnungsträger für den Übergang in das postindustrielle Energiezeitalter.

(Quelle: Klein, R. 2013: Elektromobilität in Deutschland. In: Geogr. Rundschau 65, H. 1, S. 20 – 27; www.worldwide-datas.com/autos, Zugriff am 22.11.2013)

**1** a) Du planst eine Fahrt von Frankfurt am Main nach Leipzig mit einem Elektroauto. Berücksichtige dabei die Reichweite (M2) sowie Ladestationen (M4, Atlas) und beschreibe deine Route.

b) Entscheide dich für ein Modell des VW up. Begründe deine Wahl (M2, M4).

**2** Beschreibe die Anfänge des Elektroautos (M1, M5).

**M1 Der Belgier Camille Jenatzy nannte das schnellste Auto der Welt „La Jamais Contente" (dt. „Die nie Zufriedene").**
Die Rekordfahrt des Elektrofahrzeugs fand am 29. April 1899 in Achères nordwestlich von Paris statt. (Quelle: www.redaktor.de/texte/1899-04-29-Jamais-contente.html)

| | VW e-up (Elektro) | VW up (Benzin) |
|---|---|---|
| Sitze | 4 | 5 |
| Pferdestärken | 82 PS | 60 PS |
| Höchstgeschwindigkeit | 130 km/h | 160 km/h |
| Reichweite | max. 160 km | max. 890 km |
| Kosten pro 100 km | 3,28 € (28 Cent/kWh) | 7,20 € (1,60 EUR/Liter) |
| Lade-/Tankzeit | 7 – 9 Stunden | 5 Minuten |
| Neupreis | ab 26 900 € | ab 9 975 € |
| Effizienzklasse | A+ | C |
| $CO_2$-Emissionen | 66 g/km (Strommix)<br>4,5 g/km (Windenergie) | 105 g/km |

**M2 Benziner oder Elektroauto? Der VW up im Vergleich (2013)**

M3 Das Elektroauto tankt auf. In Deutschland gab es 2012 knapp 6 000 zugelassene Elektrofahrzeuge. Diese können in 491 Städten und Gemeinden an über 2 800 öffentlichen Ladestationen aufgeladen werden. Das neueste Konzept in Städten nennt sich „park & charge“: Hier kann das Auto während des Parkvorgangs aufgeladen werden.
(Quelle: Bundesverband für Energie und Wasserwirtschaft e.V., Berlin 2012)

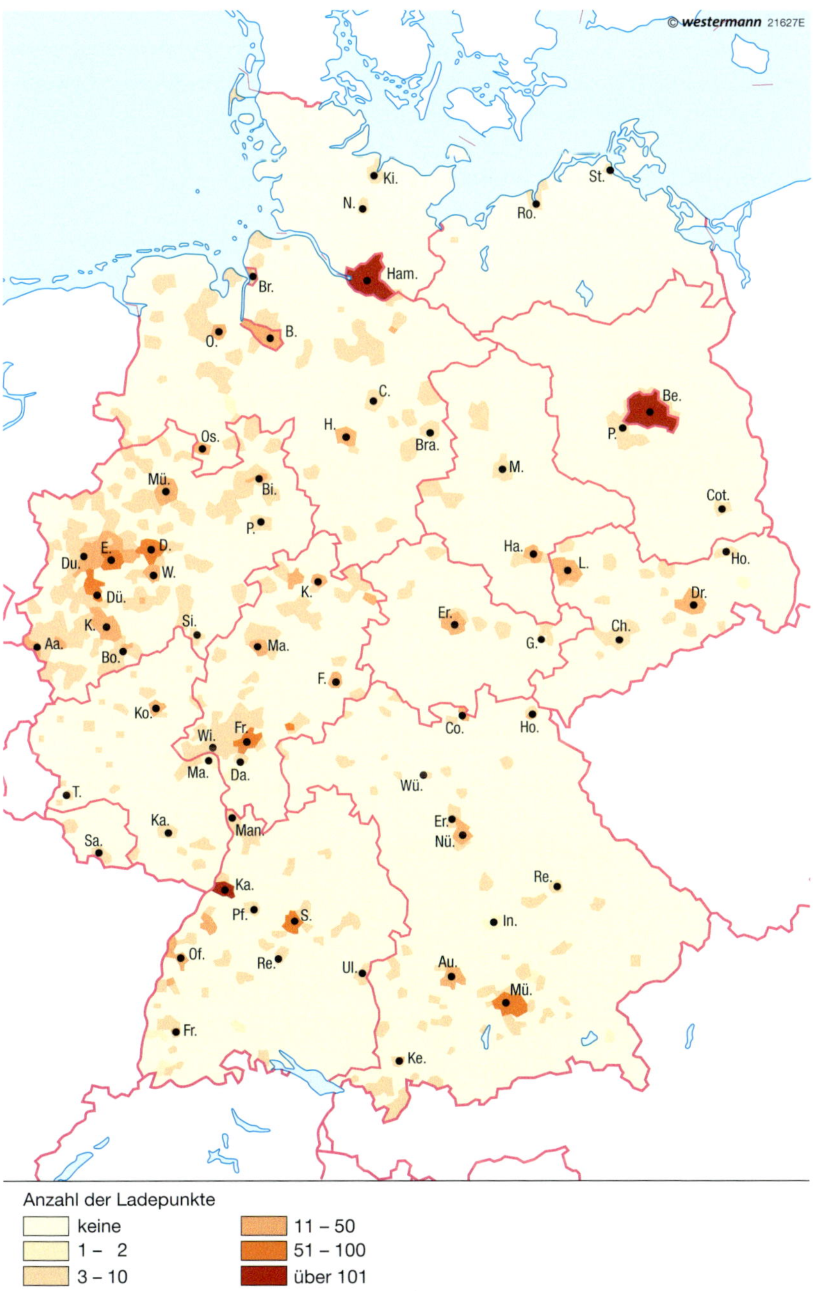


M4 Übersicht von Elektrotankstellen und Ladepunkten für Elektroautos in Deutschland (2012)

**3** Liste …

… drei Städte mit mehr als 50 Ladepunkten für Elektroautos auf.

… drei Städte mit 11 bis 50 Ladepunkten für Elektroautos auf.

… drei Städte mit weniger als 11 Ladepunkten für Elektroautos auf.

M5 Der Lohner-Porsche 1900. Das erste Hybridauto der Welt fuhr mit Elektro- und Verbrennungsmotor.

# Atomkraft

M1 Kernkraftwerk Philippsburg 1 wurde 2011 stillgelegt, Philippsburg 2 ist noch bis maximal 2019 am Netz.

1 Nenne zwei stillgelegte und zwei aktive Kernkraftwerke in Deutschland.

2 Betrachte die Lage der Kernkraftwerke in Deutschland im Atlas. Was befindet sich immer in deren direkter Nähe? Begründe.

M2 Radioaktivitätsmessung bei Evakuierten aus der Region Fukushima

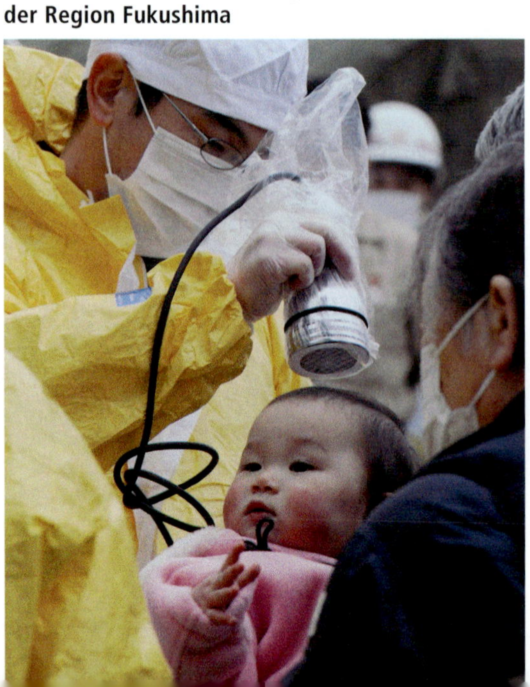

## Atomkraftwerke – tickende Zeitbomben?

### Atomkraft – Energie durch Kernspaltung

Der Grundstein zur Nutzung der Atomkraft (Kernkraft) wurde 1938 gelegt, als es in Berlin erstmalig gelang, einen Atomkern zu spalten. Bei der Spaltung von Atomkernen wird eine große Energiemenge freigesetzt. Dabei kann es zu einer Kettenreaktion kommen. Verläuft diese unkontrolliert, entsteht eine heftige Explosion. Dies ist die Funktionsweise der Atombombe.

Wenn die Kettenreaktion jedoch kontrolliert wird, sodass immer nur eine begrenzte Anzahl von Kernspaltungen erfolgt, kann die frei werdende Energie in Strom umgewandelt und vom Menschen genutzt werden. Das geschieht in Kernkraftwerken, von denen im Jahr 2012 weltweit 437 in Betrieb waren.

Um eine sichere Funktion der Anlagen zu gewährleisten, muss unter anderem eine Wasserkühlung vorhanden sein. Fällt das Kühlsystem aus, kann es zu einem Atomunfall und dem Entweichen gefährlicher Radioaktivität kommen. Das Ausmaß solcher Unfälle wird nach einer internationalen Bewertungsskala eingestuft (M5). Die radioaktiven Spaltprodukte müssen aber auch bei funktionierendem Betrieb irgendwann aus der Anlage entfernt und so sicher wie möglich verwahrt werden. Hierzu dienen unterirdische Lager (M6). Alternativ kann auch die Wiederaufbereitung der Brennstäbe erfolgen. Kernkraftwerke gewährleisten eine stetige Energieversorgung, die unabhängig von Wind und Sonne ist. Zudem wird bei der Energieerzeugung kein klimaschädliches $CO_2$ freigesetzt.

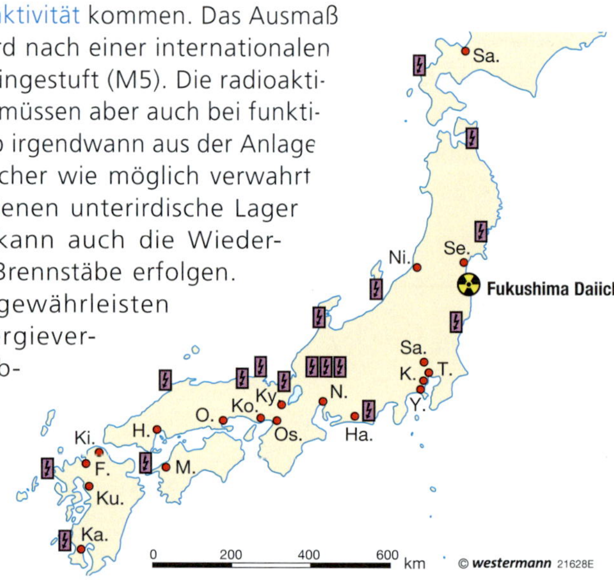


M3 Kernkraftwerke in Japan, die Anfang 2011 aktiv waren

### Die Katastrophe von Fukushima

Am 11. März 2011 kam es vor der Nordostküste Japans zu einem schweren Erdbeben. Infolgedessen entwickelte sich ein Tsunami. Mächtige Meereswellen trafen mit voller Wucht auf die angrenzenden Küstenregionen. Die Erschütterungen durch das Erbeben und die bis zu 40 m hohen Tsunamiwellen zerstörten ganze Städte. Über 18 000 Menschen verloren ihr Leben. Das Kernkraftwerk Fukushima Daiichi (M3) wurde so stark beschädigt, dass die Kernspaltung außer Kontrolle geriet und große Mengen an radioaktivem Material freigesetzt wurden. Dies führte im Umkreis von über 30 km zu so starken Strahlenbelastungen, dass mehr als 150 000 Menschen evakuiert werden mussten. Viele von ihnen werden nie wieder in ihre Heimat zurückkehren können. In der internationalen Bewertungsskala fällt dieser nukleare Unfall in die höchste Stufe. Trotzdem wird Japan voraussichtlich weiterhin Atomkraft nutzen. Deutschland hat sich hingegen dazu entschlossen, bis 2022 alle Kernkraftwerke stillzulegen.

M4 Weltkarte der nuklearen Störfälle und Unfälle

| Stufe | Bezeichnung | Auswirkungen auf Mensch und Umwelt | Auswirkungen auf das Kernkraftwerk |
|---|---|---|---|
| 7 | Katastrophaler Unfall | • schwerste Freisetzung radioaktiver Stoffe<br>• großräumige, teilweise länderübergreifende Auswirkungen auf Mensch und Umwelt<br>• etliche Tote durch Strahlenbelastung<br>• gesundheitliche Spätschäden | • vollständige Zerstörung der Anlage |
| 6 | Schwerer Unfall | • erhebliche Freisetzung radioaktiver Stoffe<br>• etliche Tote durch die Strahlenbelastung | • teilweise Zerstörung der Anlage |
| 5 | Ernster Unfall | • begrenzte Freisetzung radioaktiver Stoffe<br>• mehrere Tote durch Strahlenbelastung | • schwere Schäden in den Bereichen, in denen die Kernspaltung stattfindet (Reaktorkern) |
| 4 | Unfall | • geringe Freisetzung radioaktiver Stoffe<br>• mindestens ein Toter durch Strahlenbelastung | • Schäden in den Bereichen, in denen die Kernspaltung stattfindet (Reaktorkern) |
| 3 | Ernster Störfall | • sehr geringe Freisetzung radioaktiver Stoffe, Strahlenbelastung der Bevölkerung nur unwesentlich über der natürlichen Belastung<br>• teilweise deutliche Gesundheitsschäden beim Personal des Kernkraftwerkes | • schwere radioaktive Verunreinigung von Teilen der Anlage<br>• weitgehender Ausfall der Sicherheitselemente |
| 2 | Störfall | • unzulässig hohe Strahlenbelastung beim Personal des Kernkraftwerkes | • erhebliche radioaktive Verunreinigung eines Teils der Anlage<br>• begrenzter Ausfall der Sicherheitselemente |
| 1 | Störung | • keine Auswirkungen | • Abweichung vom Normalbetrieb der Anlage mit geringer Bedeutung für die Sicherheit |

M5 Internationale Bewertungsskala für nukleare Ereignisse (INES)

**3** Trage in M4 jeweils den Ort eines nuklearen Ereignisses der Stufe 1 bis 7 ein. Vermerke entsprechend der Beispiele den Namen des Ortes, die Einstufung des Ausmaßes und das Jahr des Unglücks.

**4** Benenne mithilfe von M3 und der Wirtschaftskarte Japans im Atlas zwei japanische Großstädte, die durch ihre Lage von einem nuklearen Unfall bedroht sind.

**M6 Kernkraftgegner blockieren den Transportweg radioaktiver Abfälle zum Lager**

# Solarzeitalter

## Nutzung der Sonnenenergie

Die Nutzung der Sonnenenergie (Solarenergie) durch Lebewesen ist eine Lebensgrundlage. Die meisten Pflanzen bauen mit ihrer Hilfe durch die Fotosynthese Biomasse auf. Mensch und Tier wiederum ernähren sich direkt oder indirekt von dieser Biomasse.
Durch die Solartechnik nutzt der Mensch die Sonnenenergie auch auf einem technischen Weg.

## Solartechnik – die „moderne" Sonnenenergienutzung

Bereits das olympische Feuer im antiken Olympia wurde mithilfe der Sonnenenergie entzündet, indem man das Sonnenlicht in einem Hohlspiegel bündelte. Diese Funktionsweise findet sich noch heute bei Solarkochern (M1). Aber auch moderne Anlagen, die elektrischen Strom erzeugen, basieren auf diesem Prinzip. In großen solarthermischen Kraftwerken wird ein spezielles Öl durch ein Rohrsystem geleitet und durch die gebündelten Sonnenstrahlen stark erhitzt. Die Wärmeenergie dieser Flüssigkeit dient dann, wie bei herkömmlichen fossilen Wärmekraftwerken, der Stromerzeugung. Parabolrinnenkraftwerke (M2) arbeiten zum Beispiel nach diesem Prinzip. Vor allem in sonnenreichen Regionen der Erde existieren inzwischen viele solcher großen Solarkraftwerke.

**1** Nenne die unterschiedlichen Nutzungsmöglichkeiten der Sonnenenergie.

**2** Beschreibe das Projekt Desertec (M3, M4).

**3** Vervollständige die Funktionsweise eines Parabolrinnenkraftwerkes mithilfe von M2.

Durch Bündelung des ______________ wird ______________ in einem Rohrsystem erhitzt. Dieses bewirkt, dass ______________ zu ______________ wird, der eine ______________ antreibt. Über einen Generator kann nun ______________ erzeugt werden. In einem ______________ wird der Wasserdampf durch ______________ wieder in den ______________ Zustand versetzt und kann aufs Neue erhitzt werden. Ein Parabolrinnenkraftwerk besitzt somit zwei getrennte Kreisläufe: einen ______________ und einen ______________ .

M1 Solarkocher in Simbabwe

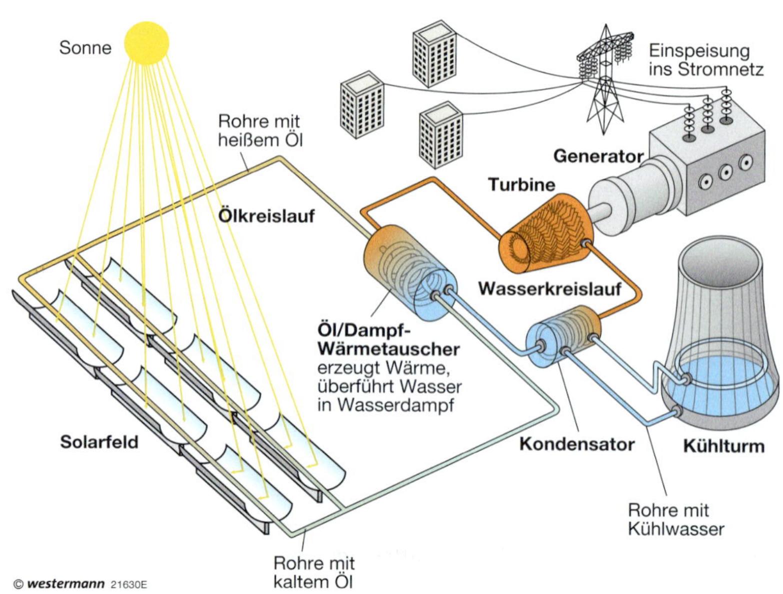


M2 Aufbau eines Parabolrinnenkraftwerkes

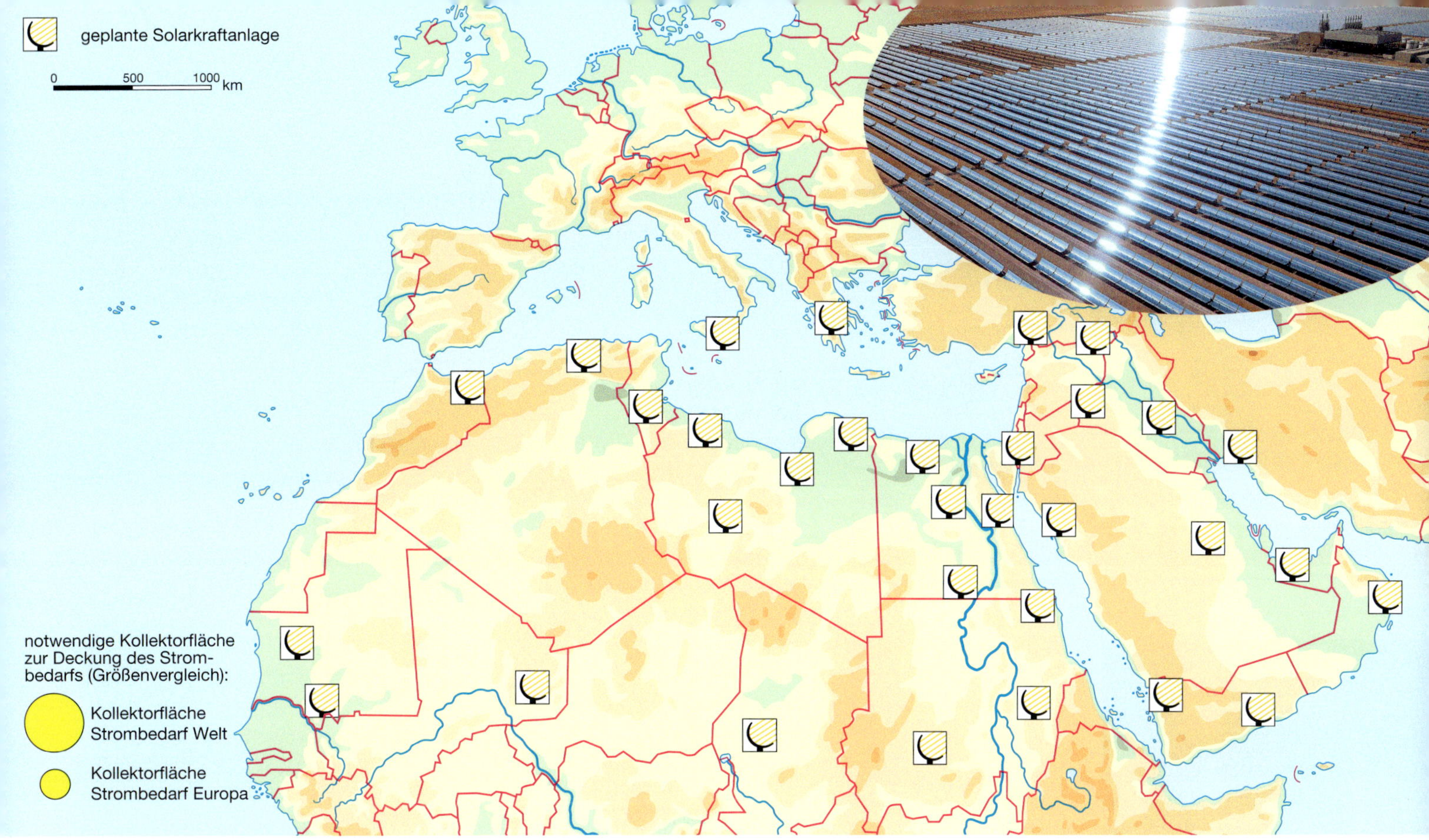


**M3 Geplante Solarkraftanlagen im Rahmen von Desertec, oben rechts Solarthermiekraftwerk mit zugehörigen Kollektoren bei Abu Dhabi/V.A.E.**

## Strom aus der Wüste

Solar-Kraftwerke in der Sahara könnten Europas Energieproblem lösen und Nordafrikas Armut bekämpfen

Steine, Sand, Sonne – mit diesen drei Begriffen ist die Sahara ziemlich vollständig beschrieben. Zwischen Mauretanien und Ägypten bedeckt die größte Wüste der Welt neun Millionen Quadratkilometer. Ausgerechnet in dieser lebensfeindlichen Region will Gerhard Knies das Leben Hunderter Millionen Menschen auf eine neue Basis stellen. Bürger von Irland und Israel sollen ebenso davon profitieren wie die Bewohner von Wüstenstaaten wie Algerien, indem der Wüste ein vierter Begriff hinzugefügt wird: „Solarstrom".

Gerhard Knies ist pensionierter Physiker, der sich seit Jahrzehnten für den Klimaschutz engagiert. Seit kurzem leitet er den Aufsichtsrat der neu gegründeten Stiftung Desertec, die sich am Dienstagabend in Berlin vorgestellt hat. „Die Wüsten empfangen in sechs Stunden so viel Energie von der Sonne, wie die Menschheit in einem Jahr verbraucht", sagt Knies.

Knies und seine Kollegen haben sich viel vorgenommen. Sie wollen einen Teil dieser Welt ins solare Zeitalter überführen. Ein Stromverbund soll entstehen, der Europa, den Nahen Osten und Nordafrika umfasst. In der Sahara, aber auch auf der arabischen Halbinsel sollen Kraftwerke entstehen, die Sonnenlicht in Strom verwandeln. „Dort kann man im Jahr mehr als 2 000 Kilowattstunden pro Quadratmeter gewinnen", rechnet Markus Eck vom Deutschen Zentrum für Luft- und Raumfahrt DLR vor: „als würden pro Quadratmeter 200 Liter Öl im Jahr vom Himmel regnen." Die Elektrizität soll zum einen den Staaten Nordafrikas Energie liefern, ihre Wirtschaft stützen und die Armut besiegen sowie nebenbei Meerwasser entsalzen und den Wassermangel der Region bekämpfen. Zum anderen soll der Strom über verlustarme Leitungen nach Europa fließen und dort die klimaschädlichen Kohlekraftwerke und die Atomkraftwerke ersetzen. Die technischen Möglichkeiten gibt es bereits. Die Desertec-Mitglieder wollen sogenannte solarthermische Kraftwerke in die Wüste setzen.

Probleme könnte der Desertec-Idee vor allem ihr enormer Anspruch bereiten. Auch wenn die Fläche, die theoretisch nötig ist, um den Strombedarf der Welt zu decken, auf einer Atlaskarte klein wirkt, sind gewaltige Investitionen nötig. Eine Fläche von 360 mal 360 km würde genügen. Aber dort wären in den kommenden 30 Jahren solarthermische Kraftwerke mit einer Nennleistung von 10 000 Gigawatt nötig, um dieses Ziel zu erreichen. Im Mittel müssten jeden Tag Anlagen ans Netz gehen, die so viel Strom erzeugen wie ein großes Atomkraftwerk.

(Nach: Süddeutsche Zeitung, 19.03.2009, verändert)

**M4 Auszug aus einem Zeitungsartikel über das Desertec-Projekt**

**4** a) Aus dem Solarkraftwerk im Tschad soll eine Stromleitung nach Frankfurt am Main gebaut werden. Sie soll möglichst kurz sein, Gebirge und Meer sollen weitgehend vermieden werden. Zeichne eine mögliche Leitung in M3 ein.

b) Nenne jene Länder, die dabei durchquert werden.

M1 The Wind of change – Don Quijote gestern und heute

# Energien verändern Landschaften

M2 In the middle of nowhere – Windpark in der Wüste Arizonas/USA

1 Nenne drei Landschaften in Deutschland, in denen Windkraftanlagen gebaut wurden.

## Was ist eine Landschaft?

Unsere Erde besteht aus einer Vielzahl unterschiedlicher Landschaften. Du kennst zum Beispiel die Sahara in Afrika oder den Schwarzwald in Deutschland. Aber was genau bedeutet der Begriff Landschaft? Es handelt sich um ein Gebiet der Erde, das aufgrund seiner Eigenschaften in sich einheitlich ist und deshalb von anderen, benachbarten Gebieten abgegrenzt werden kann. Von Bedeutung sind dabei alle Eigenschaften wie Böden, Relief, Klima, Vegetation, Tiere und die Nutzung durch den Menschen sowie deren Zusammenspiel. Erst dadurch bekommt eine Landschaft ihren ganz eigenen Charakter, ihre Eigenart.

Dabei empfindet jeder Mensch dieselbe Landschaft als entweder mehr oder weniger schön. Durch Eingriffe, wie zum Beispiel dem Bau von Kraftwerken, Solar- und Windkraftanlagen (M2, M3), können Landschaften verändert werden. Wie Menschen diese Veränderungen empfinden und bewerten, kann sich ebenfalls stark unterscheiden.

2 Erläutere die Verteilung der Windenergie in Deutschland (Atlas).

M3 In the middle of somewhere – Windräder in Mecklenburg-Vorpommern

M4 Stichwortwolke zur Windkraftnutzung

M5 Demonstration gegen die Errichtung eines Windparks im Pfälzer Wald in Rheinland-Pfalz

**4** In deiner Klasse soll das Für und Wider der angedachten Errichtung des Windparks in M5 diskutiert werden. Teilt eure Klasse dazu in sechs Gruppen auf, die folgende Positionen einnehmen:
- Bürgermeister des Ortes
- Bürger des Ortes
- Bürger eines angrenzenden Ortes
- Vertreter des beteiligten Energiekonzerns
- Förster im Gebiet des geplanten Windparks
- Vertreter einer Naturschutzorganisation

Notiere dir im Vorfeld möglichst viele Argumente für deine Position. Nutze dafür auch die Begriffe aus M4.

**3** Betrachte M2 und M3 sowie das Foto von Kinderdijk M5 auf S. 11. Verfasse einen Zeitungskommentar, der sich mit der Landschaft und ihrer Wahrnehmung durch den Menschen beschäftigt. Verwende dafür die Stichwortwolke M4.

# Wie viel Energie verbrauchst du?

## Der ökologische Fußabdruck

Fast alle deine Handlungen verbrauchen unterschiedlich viel Energie: Die Fahrt mit dem Bus, die Benutzung des Smartphones oder der Verzehr von einer Mahlzeit. Mit dem ökologischen Fußabdruck kann man berechnen, wie viel Land- und Wasserflächen jeder Mensch einer Region durchschnittlich verbraucht. Hierfür werden die Bereiche Wohnen/Energie, Konsum, Ernährung, Reisen/Hobbies und Mobilität erfasst und bewertet.

**1** Berechne im Internet deinen ökologischen Fußabdruck.

Mein ökologischer Fußabdruck beträgt ________ Hektar.

Wenn alle so leben würden wie ich, bräuchte man _______ Erden.

**2** Vergleiche dein Ergebnis mit denen deiner Klassenkameraden. Berechnet den durchschnittlichen Fußabdruck eurer Klasse.

Der ökologische Fußabdruck unserer Klasse beträgt ___________.

Hektar. Wenn alle so leben würden wie wir, bräuchte man

________ Erden.

**3** Nenne Lebensbereiche, in denen du weniger „Natur" verbrauchen könntest.

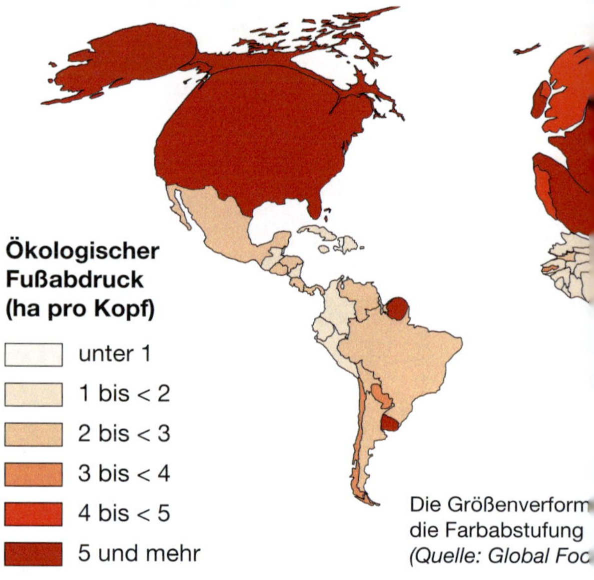


**M2** Weltkarte des ökologischen Fußabdruckes

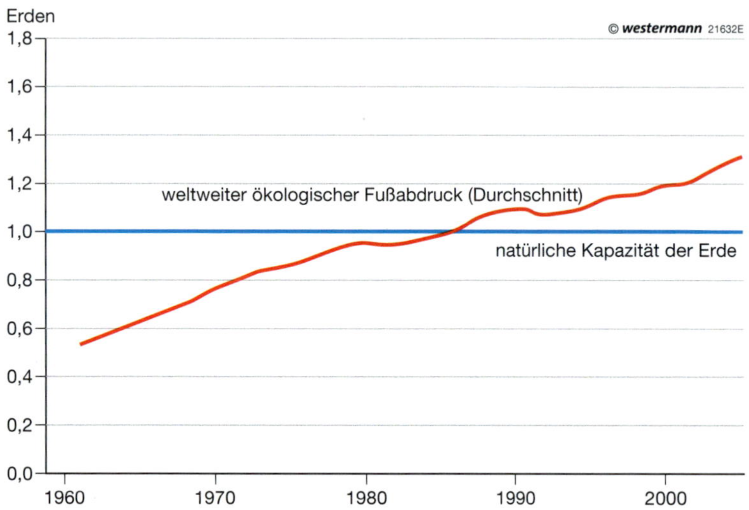


**M1** Entwicklung des ökologischen Fußabdruckes

**4** Beschreibe die Entwicklung des weltweiten ökologischen Fußabdruckes seit 1960 (M1).

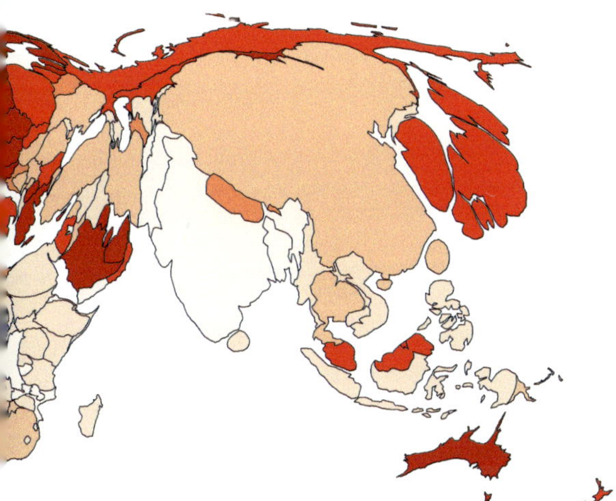

gelt den ökologischen Fußabdruck der Länder wider,
ogischen Fußabdruck pro Einwohner.
*twork 2010)*

22020E

**5** a) Bestimme drei Länder, die den höchsten ökologischen Fußabdruck aufweisen (M2).

b) Bestimme drei Länder, die den niedrigsten ökologischen Fußabdruck aufweisen (M2).

# Glossar

# Energie von A bis Z

**A Aasfresser**
Frühmenschen und Tiere, deren Nahrung teilweise oder hauptsächlich aus Tierkadavern (toten Tieren) besteht.

**Agrargesellschaft**
Gesellschaft mit hohen Anteilen an Beschäftigten in der Landwirtschaft; in Deutschland bis Ende des 19. Jh.

**atomare Energieträger**
dienen der Erzeugung von Energie durch Kernspaltung. Hierzu zählt vor allem Uran.

**D Desertec**
Programm zur Erzeugung von Ökostrom an sonnenreichen Standorten (z. B. Wüstengebieten der Erde). Der erzeugte Strom wird mittels Hochspannungsleitungen in andere Regionen übertragen.

**Dienstleistungsgesellschaft**
Gesellschaftsform mit hohen Anteilen an Beschäftigten im Dienstleistungsbereich; in Deutschland seit den 1970er-Jahren

**E Energiezeitalter**
ist ein zeitlicher Abschnitt in der Menschheitsentwicklung, in der bestimmte Energieträger bevorzugt benutzt wurden/werden.

**Energiemix**
umgangssprachlich auch als „Strommix" bezeichnet. Der Energiemix setzt sich aus unterschiedlichen Energieträgern zusammen und gibt deren Verteilung wider.

**erneuerbare Energieträger**
auch als regenerative Energieträger bezeichnet. Hierzu zählen Wind- und Wasserkraft, Sonnenenergie, Biomasse und Geothermie.

**F fossile Energieträger**
auch als nicht erneuerbare Energieträger bezeichnet. Hierzu zählen Erdöl, Erdgas, Stein- und Braunkohle.

**Fotosynthese**
Umwandlung von Sonnenenergie durch Pflanzen, Algen und einige Bakterien zum Aufbau von pflanzlicher Substanz

**Frühmensch**
Bezeichnung in der Stammesgeschichte des Menschen (z. B. Homo Erectus, der aufrechte Mensch). Vorform des Homo Sapiens („Jetztmensch").

**G Generator**
elektrisches Maschinenteil, das Bewegungsenergie in elektrische Energie umwandelt. Sie bilden mit Turbinen eine Maschineneinheit, die elektrischen Strom produziert.

**Grundumsatz**
Energiemenge, die der Körper pro Tag bei völliger Ruhe benötigt, um seine Lebensfunktionen aufrechtzuhalten

**H Holländerwindmühle**
regional auch als Kappenwindmühle bezeichnet, modernster Typ der klassischen Windmühle, verdrängte im 16. Jh. in den Niederlanden und Norddeutschland die vorher gebaute Bockwindmühle

**I Industriegesellschaft**
Gesellschaftsform mit hohen Anteilen an Beschäftigten in Industrie und Produktion; in Deutschland bis in die 1970er-Jahre

**Informationsgesellschaft**
Gesellschaftsform mit hohen Anteilen an Beschäftigen in den Bereichen Information und Kommunikation; Überwiegend städtische Bevölkerung; In Deutschland seit den 1990er-Jahren

**J Jäger-und-Sammler-Gesellschaften**
Gesellschaft, die vom Jagen und Sammeln lebt

**Joule**
internationale Maßeinheit für unterschiedliche Energieformen (thermische, mechanische und elektrische Energie); weitere größere Einheiten sind Kilo-, Mega- und Gigajoule

**K Kerosin**
fossiler Brennstoff (Treibstoff), der in der Regel aus Erdöl hergestellt (raffiniert) wird; heutige Verwendung überwiegend in Triebwerken von Flugzeugen

**Kilowattstunde**
Internationale Maßeinheit für elektrischen Strom. Der Wert gibt an, welche Energiemenge (Watt) in einer Zeiteinheit (Stunde) produziert oder verbraucht wird. Weitere größere Einheiten sind Mega- und Gigawatt.

**L Landschaft**
Die Landschaft ist ein Gebiet der Erdoberfläche, das aus verschiedenen Landschaftselementen wie Hügeln, Flüssen, Siedlungen und Wäldern besteht. Die einzelnen Elemente werden von jedem Menschen als Einheit wahrgenommen und ggf. als schön, erholsam, natürlich („ästhetisch") bewertet.

**N Nukleares Ereignis (Störfall, Unfall)**
spezielle Arten von Störfällen und Atomunfällen in Atomkraftwerken

**O ökologischer Fußabdruck**
Maßeinheit, die angibt, wie viel Land- und Wasserflächen jeder Mensch einer Region durchschnittlich verbraucht.

**P Primärenergieverbrauch**
Gesamtverbrauch von Energie aus fossilen, atomaren und erneuerbaren Energieträgern ohne vorherige Umwandlung

**R Radioaktivität**
instabile Atomkerne, die sich spontan in andere Atomkerne umwandeln und dabei für den Menschen schädliche Strahlung abgeben

**S (Sonnen-)Kollektor**
Vorrichtung (z. B. Spiegel oder flüssigkeitsgefüllte Röhren) zum Sammeln von Sonnenenergie, um daraus die enthaltene Energie nutzbar zu machen

**T Turbine**
technisches Maschinenteil, in dem mechanische Energie erzeugt wird. Turbinen bilden mit dem Generator eine Maschineneinheit, die elektrischen Strom produziert.

## Bildquellenverzeichnis

bpk - Bildagentur für Kunst, Kultur und Geschichte, Berlin: 14 M1 (RMN - Grand Palais); Clairview Books, GB-West Hoathly: 12 M1; dreamstime.com, Brentwood: Titel (Ilia Torlin), 3 M2 li. (Gale Verhague), 3 M2 re. (Raluca Tudor), 4 M3 (Stocksnapper), 4 M4 (Zatletic), 5 M6 (Frank Roeder), 10 M3 (Waj111), 11 M5 (Dennis Van De Water), 15 M3 (Bogdan Carstina), 20 M2 (Reinhardt); EG-SOLAR e.V., Altötting: 18 M1; Egmont Ehapa Verlag GmbH, Berlin: 13 M4 (© 2011 LUCKY COMICS); fotolia.com, New York: 2 o.li. (Mopic), 8 M3 (Dmitry Naumov), 10 M1 (kaycco), 16 o.re. (mopsgrafik); Getty Images, München: 8 M1 (The Bridgeman Art Library/Wilhelm Kranz); iStockphoto.com, Calgary: 4 M1 (Marschant), 4 M2 (AdamG1975), 5 M7 (jgroup), 10 M2 (mitchfournier), 18 o.li. (ollo), 20 M3 (orhch); Jacob Lohner & Co, Wien: 15 M5; NASA Headquaters/Media Services Division, Washington, DC: 8 M2 (MIX Gallery); Picture-Alliance, Frankfurt/M.: 5 M5 (dpa), 16 M1 (Uli Deck), 16 M2 (dpa/Kyodo), 17 M6 (dpa), 19 M3 Foto (dpa/EMIRATES NEWS AGENCY), 21 M5 (dpa/Uwe Anspach); Shutterstock.com, New York: 9 o.re. Herd (olegtoka), 17 m.re. (Thomas Bethge); Tempel, Michael, Koblenz: 21 M4; toonpool.com, Berlin: 3 M1 (HSB-Cartoon).



Druck A[1] / Jahr 2014

Herausgeber: Dr. Thomas Brühne, Peter Kirch
Autoren: Dr. Thomas Brühne, Dr. Michael Tempel
Lektorat: Thomas Eck
Illustrationen: Dennis Nußbaum
Satz und Gestaltung: Lektorat Eck, Berlin, Yvonne Behnke
Druck und Bindung: westermann druck GmbH, Braunschweig

ISBN 978-3-14-**100004**-7